Contraste insuffisant
NF Z 43-120-14

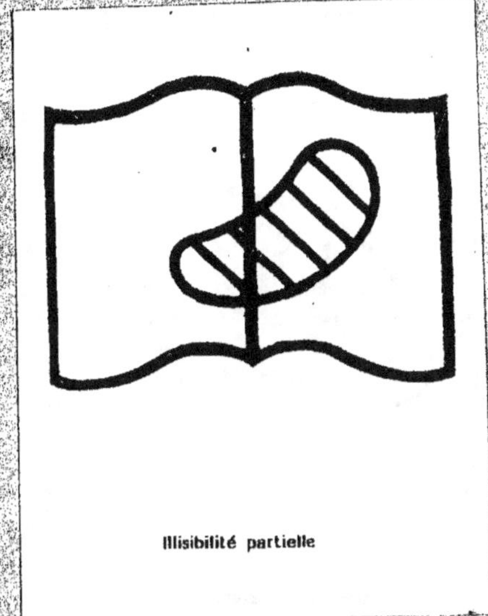

Illisibilité partielle

Valable pour tout ou partie
du document reproduit

Original en couleur
NF Z 43-120-8

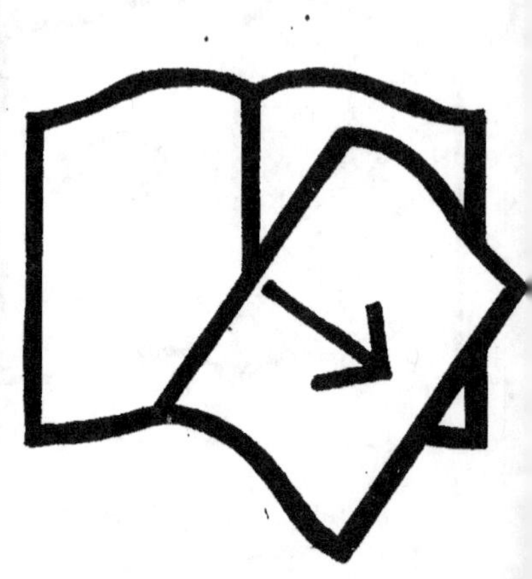

Couverture inférieure manquante

DE

# LA DÉRIVATION DES SOURCES

## POUR L'ALIMENTATION DES VILLES

PAR

### M. Léon AUCOC

MEMBRE DE L'INSTITUT
ANCIEN PRÉSIDENT DE SECTION AU CONSEIL D'ÉTAT

PARIS

ALPHONSE PICARD, ÉDITEUR

82, RUE BONAPARTE, 82

1880

# DE LA DÉRIVATION DES SOURCES

## POUR L'ALIMENTATION DES VILLES

*EXTRAIT DU COMPTE RENDU*

**De l'Académie des sciences morales et politiques**

(INSTITUT DE FRANCE)

PAR M. CH. VERGÉ

*Sous la direction de M. le Secrétaire perpétuel de l'Académie*

# LA DÉRIVATION DES SOURCES

## POUR L'ALIMENTATION DES VILLES

PAR

## M. Léon AUCOC

MEMBRE DE L'INSTITUT
ANCIEN PRÉSIDENT DE SECTION AU CONSEIL D'ÉTAT

PARIS

ALPHONSE PICARD, ÉDITEUR

82, RUE BONAPARTE, 82

1889

# DE LA DÉRIVATION DES SOURCES

## POUR L'ALIMENTATION DES VILLES

———



Un grand nombre de villes, en France comme à l'étranger, ont fait des travaux et des dépenses considérables pour mettre à la disposition de leurs habitants, par différents moyens, des eaux aussi pures et aussi abondantes que possible. Rien n'est plus légitime et plus digne d'intérêt que ces entreprises. Les progrès des sciences qui touchent à l'hygiène publique ne peuvent que les multiplier.

Mais la combinaison qui sert le mieux les intérêts des habitants des villes et qui leur procure les plus précieux avantages, la dérivation des eaux de source, entraîne de graves préjudices pour les habitants des campagnes qui jouissaient jusque-là des eaux dérivées. On peut se demander si la législation actuelle assure d'une manière suffisante la réparation de ces préjudices. Il y a là, à côté d'une question d'administration très importante, une question de droit qui mérite une étude attentive.

## I

Les besoins collectifs qu'il s'agit de satisfaire, en amenant les eaux dans les villes, sont de différente nature, et il importe de les distinguer, non seulement parce que l'administration doit tenir compte de chacun d'eux lorsqu'elle fait le calcul du volume d'eau qui lui est nécessaire, mais aussi parce que ces différents besoins n'exigent pas dans les eaux les mêmes qualités et que l'on peut, en conséquence, donner satisfaction à plusieurs d'entre eux sans faire les dépenses et sans imposer les sacrifices qu'entraînent les meilleurs procédés.

Si l'on prend le type le plus compliqué, celui d'une grande ville telle que Paris, on constate que les eaux doivent servir aux diverses consommations domestiques : boisson, cuisson des aliments, toilette et nettoyage des maisons, au blanchissage du linge et aux établissements de bains, aux industries qui emploient l'eau soit pour les machines à vapeur destinées à leur donner la force motrice, soit pour leurs opérations elles-mêmes. A ces services privés, il faut ajouter les services publics, le nettoyage et l'arrosement des rues, le nettoyage des égouts, les bouches d'incendie, les fontaines publiques, enfin les eaux destinées, sous diverses formes, à l'embellissement des promenades.

Différents procédés peuvent être employés pour mettre les eaux à la disposition des particuliers et des services publics : la dérivation des eaux des rivières ou des lacs, la dérivation des sources qui alimentent les cours d'eau ou des nappes souterraines, les puits artésiens.

Les Romains usaient des deux premiers procédés, mais le second était préféré au premier. On sait avec quel luxe ils construisaient, pour amener de loin des eaux très abondantes, de grands ouvrages qui subsistent en partie et dont les ruines même excitent encore l'admiration. M. l'Inspecteur général Belgrand, dont le nom restera attaché à la transformation du service des eaux et des égouts de Paris et qui a décrit, dans de remarquables ouvrages, ses propres travaux et ceux de ses prédécesseurs (1), indique, dans son *Étude sur les aqueducs romains*, que sur neuf aqueducs existant à l'époque de Trajan, il y en avait six qui amenaient de l'eau de source ; deux aqueducs, Anio Vetus, remontant à

(1) I, *La Seine*. Régime de la pluie, des sources, des eaux courantes. II. *Les aqueducs Romains*. III. *Les anciennes eaux de Paris*. IV. *Les eaux nouvelles*.

l'an 481, Anio Novus, commencé par Caligula et achevé par Claude, dérivaient des eaux de rivière; de plus Auguste fit dériver l'eau du lac Alsiétinus, mais cette eau était destinée à une naumachie.

Parmi les grandes villes de la France et de l'étranger, il y en a qui se sont contentées de dériver l'eau des rivières, sauf à la purifier autant que possible par des travaux de filtrage ou à la recueillir près de la source dans de puissantes réserves. On peut citer à l'étranger : Londres, Berlin, qui joint aux eaux de la Sprée celles d'un lac, Copenhague, Anvers, Dresde, New-York ; en France : Marseille, Toulouse, Albi, Nîmes, Le Mans et Lyon qui, toutefois, étudie un autre système.

En général, les distributions d'eaux récentes dans les villes proviennent de l'adduction d'eaux de source. Il y en a, comme celle de Montpellier, dont le château d'eau domine la promenade du Peyrou, qui remontent au xviii$^e$ siècle. Mais la plupart datent des cinquante dernières années. Ce sont notamment celles de Dijon, Auxerre, Bordeaux, Clermont, Vienne, Grenoble, Besançon, Carcassonne, Poitiers, Perpignan, Vesoul, Nancy, Rouen, Le Havre, Lorient, Nevers, Saint-Étienne, Cette, Le Puy, Limoges, Rennes, Lille, et il ne manque pas de petites communes qui ont suivi l'exemple des grandes.

A l'étranger, on cite Édimbourg, Glasgow, Madrid, Francfort-sur-le-Mein, Vienne, Stuttgard, Naples.

D'autres villes, à défaut de sources naturelles, ont recueilli des eaux souterraines au moyen de travaux de draînage. C'est le cas de Liverpool, Bruxelles et Amsterdam.

La ville de Paris a usé et use aujourd'hui à la fois de trois procédés, dérivation des eaux de source, dérivation des eaux de rivière, puits artésiens.

C'est aux Romains qu'elle a dû son premier aqueduc, celui qui conduisait au Palais des Thermes les sources de Rungis et d'Arcueil. Plus tard, vers le xii$^e$ siècle, sur la rive droite de la Seine, les abbayes de Saint-Laurent et de Saint-Martin-des-Champs firent dériver les sources des prés Saint-Gervais et des coteaux de Belleville, qui ont tenu longtemps une grande place dans l'alimentation de Paris, mais qui aujourd'hui sont jetées dans les égoûts.

Depuis cette époque jusqu'en 1854, sauf la reconstruction de l'aqueduc d'Arcueil entreprise sous Louis XIII, la pensée de dériver des eaux de source semble abandonnée. C'est dans la Seine qu'on prend les eaux, d'abord par la pompe de la Samaritaine au Pont-Neuf, construite sous Henri IV, pour le service du Roi, puis par les pompes du Pont Notre-Dame, établies en 1670 pour le service du public. C'est encore dans la Seine, et malheureusement à l'extrémité aval de Paris, que les frères Périer établissent, en 1777, les pompes à feu de Chaillot et du Gros-Caillou.

On y a joint ensuite, sous le premier empire, les eaux du canal de l'Ourcq, construit dans le double but d'être une voie navigable et un moyen d'alimentation des fontaines de Paris.

D'autres emprunts ont été faits plus tard à la Seine et à la Marne. La plus puissante des usines élévatoires, installée à Ivry, date de 1880.

Le puits artésien de Grenelle, terminé en 1841, a fourni un contingent d'un nouvel ordre à l'alimentation de la ville. D'autres puits analogues ont été forés : celui de Passy a été terminé en 1861, celui de La Chapelle ne tardera pas à l'être.

L'entreprise la plus difficile, celle qui a soulevé le plus de controverses au point de vue technique, au point de vue de l'hygiène publique, comme au point de vue des questions de droit, c'est la dérivation des sources de la Dhuis et de la Vanne, approuvée en 1862 et en 1866, et qui amène les eaux, l'une des environs de Château-Thierry, l'autre des environs de Troyes, par des aqueducs dont le premier a 131 kilomètres, et le second 173 kilomètres. Des controverses analogues viennent de se renouveler à l'occasion d'un projet qui a pour but d'autoriser la dérivation des eaux des sources de la Vigne et de Verneuil, situées sur la limite des départements de l'Eure et d'Eure-et-Loir, à 113 kilomètres de Paris.

Il est utile de constater l'importance relative de chacun des éléments qui contribuent à l'alimentation en eau de la ville de Paris dans l'état actuel.

D'après un rapport de M. l'Ingénieur en chef Couche, publié en 1884, le maximum des ressources de la ville en eaux de différentes origines serait, par jour, de . . . . . . . . . . . . . . . . . . . . . . . 510.000$^{mc}$(1) qui se subdivisent ainsi :

| | |
|---|---:|
| Le canal de l'Ourcq, prélèvement fait des besoins de la navigation, fournit. . . . . . | 130.000 |
| Les eaux de la Seine et de la Marne, élevées par machines, donnent . . . . . . . . | 240.000 |
| Les eaux d'Arcueil et des puits artésiens. | 10.000 |
| Enfin les dérivations de la Dhuis et de la Vanne donnent : | |
| La première. . . . . . . . . . . . . . . . | 20.000 |
| La seconde. . . . . . . . . . . . . . . . | 110.000 |
| Au total, pour les eaux de source . . | 130.000$^{mc}$ |

En ne considérant cette entreprise de la dérivation des eaux des sources de la Dhuis et de la Vanne qu'au point de vue de l'importance du résultat obtenu, des difficultés vaincues, et de la remarquable exécution des ouvrages

(1) *Les eaux de Paris en 1884*, p. 11.

Il faut noter toutefois, avec M. Couche, que ce chiffre est un maximum et qu'il ne faut pas compter d'une manière permanente sur plus de 450,000 m. c. en tenant compte notamment des chances d'arrêt dans la marche des machines, et de l'abaissement du débit des sources en cas de sécheresse prolongée.

d'art, il est juste de rendre hommage aux auteurs de ces travaux. Nous comprenons le sentiment pénible qu'éprouvait M. l'Ingénieur en chef Couche, lorsqu'il avait le regret de constater que les aqueducs construits par M. Belgrand n'étaient pas considérés comme plus admirables que ceux de l'ancienne Rome.

« Parce qu'on n'est plus réduit à entasser arcades sur arcades, dit-il, parce que sachant mieux employer la matière, on n'a plus besoin de faire énorme, il semble que le secret de faire grand soit perdu. Rien de plus injuste. Le caractère économique des moyens employés, loin de diminuer l'œuvre, en est un mérite de plus. »

Il signale d'ailleurs, dans l'aqueduc de la Vanne, 14 kilomètres d'arcades réparties en 32 groupes, notamment « la traversée de la forêt de Fontainebleau où plus de 5 kilomètres de grandes arcades alternent avec 6 kilomètres de souterrains très difficiles, comme un ensemble auquel il ne manque, pour être justement apprécié, que les perspectives de temps et de distance (1). »

Mais nous n'avons pas qualité pour rester sur ce terrain. Ce que nous avons à étudier, ce sont les raisons qui peuvent déterminer des administrations municipales à préférer, du moins pour certains usages, l'eau de source à l'eau puisée dans les rivières, à faire les grandes dépenses qu'entraînent des aqueducs d'une longueur souvent très considérable et qui justifient le sacrifice imposé aux propriétaires riverains des cours d'eau alimentés par les sources qui ont été dérivées. Nous avons à étudier aussi quelle est la situation juridique de ces propriétaires riverains et quels sont les dédommagements qu'ils peuvent réclamer.

Le choix à faire entre les eaux de rivière et les eaux de source a presque toujours donné lieu à de très vifs débats, même de la part des habitants des villes qu'il s'agissait

(1) *Les Eaux de Paris* en 1884, p. 23.

d'alimenter en eaux potables. Ainsi à Paris, en 1861, on repoussait l'idée d'imiter les peuples anciens qui, faute de connaître la machine à vapeur, avaient été obligés de construire des ouvrages dispendieux pour amener l'eau de sources lointaines. Mais on combattait même comme un danger les eaux de source que l'Administration présentait comme un bienfait. Ne prétendait-on pas que la répugnance des Parisiens pour l'usage des eaux de source, dont les effets leur étaient inconnus, était notoire ; que les habitants de Paris, habitués à l'eau de Seine, la préféraient à toutes les autres, quelque défectueuse et altérée qu'elle fût ? Ne disait-on pas encore que l'eau des sources, contenue dans des aqueducs fermés, manquerait des qualités que l'eau des rivières puise dans son agitation et son contact avec l'air ? N'ajoutait-on pas que la population féminine éprouvait la crainte d'être envahie par les affections goîtreuses qui se développent rapidement par l'usage des eaux de source ? (1) » Il est inutile aujourd'hui de combattre ces objections. La population de Paris n'a plus d'inquiétude que lorsqu'elle apprend, au moment des grandes chaleurs de l'été, la substitution momentanée de l'eau de la Seine, de la Marne ou de l'Ourcq, pour les usages domestiques, à celle des sources de la Dhuis et de la Vanne.

Quant à la question des dépenses, elle n'est pas si simple à résoudre qu'on le croirait au premier abord. Il semble évident qu'il doit être moins coûteux de prendre l'eau dans la rivière qui traverse une ville, ce qui est le cas de beaucoup de villes importantes, plutôt que d'aller la chercher au loin en construisant des aqueducs dont l'exécution rencontre souvent des difficultés considérables. Mais il ne faut pas oublier que l'une des conditions essentielles d'une distribution d'eau perfectionnée consiste à amener les eaux à

(1) Ces critiques ont été reproduites et combattues par M. L. Figuier dans son ouvrage sur les *Eaux de Paris* (1862).

une hauteur telle que les maisons construites dans les parties les plus élevées de la ville puissent être alimentées jusqu'à leurs étages supérieurs. L'élévation des eaux jusqu'à cette hauteur au moyen de machines exige donc de grandes dépenses de premier établissement et, de plus, les dépenses d'exploitation et d'entretien de ces puissantes usines sont permanentes et ne s'atténuent pas. Au contraire, si les dépenses de construction des aqueducs peuvent être très considérables, parce qu'il faut souvent aller chercher au loin les sources pour avoir à la fois les qualités et l'élévation qu'on juge nécessaires, elles ont cet avantage que l'eau arrive ordinairement, par la seule force de la gravité, jusqu'à la hauteur qu'on a voulu atteindre et que les dépenses d'entretien sont sensiblement inférieures à celles de l'exploitation et de l'entretien des usines élévatoires. Lorsque la hauteur de la source n'est pas suffisante et qu'il faut recourir à des machines pour la jeter dans les aqueducs, il y a encore une très grande différence avec les dépenses des machines installées dans la ville qu'on se propose d'alimenter. C'est un calcul qu'il convient de faire dans chaque cas, et il n'y a pas là une objection de principe.

Aussi bien les nécessités de l'hygiène publique pourraient justifier une augmentation de dépenses dans les distributions d'eau, au moins pour les eaux destinées aux usages domestiques.

Quand M. Haussmann, préfet de la Seine, présenta en 1854, au Conseil municipal de Paris, les premières études qui devaient aboutir plus tard aux travaux de dérivation des sources de la Dhuis et de la Vanne, il disait que les conditions essentielles d'un bon service de distribution d'eau étaient que l'eau fût salubre, c'est-à-dire ne contînt ni sulfate de chaux ou de magnésie, ni substances organiques en dissolution, qu'elle fût en outre limpide et d'une fraîcheur constante et il reprochait aux eaux de rivière d'être souvent chargées de substances organiques, d'être troubles, chaudes en été, et froides en hiver.

Dans son travail sur les aqueducs Romains, M. Belgrand a donné, d'après Frontin et Vitruve, les caractères auxquels les Romains s'attachaient pour se rendre compte de la bonté des eaux dont ils faisaient usage et il constate que la science moderne a presque toujours ratifié leur choix. « Ils estimaient surtout, dit-il, l'eau agréable à boire. L'empereur Nerva réserva pour la boisson l'eau Marcia, la plus réputée pour sa fraîcheur et sa limpidité..... Les Romains, dit-il encore, appréciaient la bonne qualité de l'eau par les mêmes moyens pratiques que nous. Ils estimaient surtout celle qui cuisait bien les légumes, qui par le repos ne formait pas de dépôts vaseux, qui par l'ébullition ne produisait pas d'incrustations adhérentes sur les parois des vases; une bonne eau devait être sans saveur ni odeur. » (1)

Il ajoute « que les Romains ne connaissaient pas l'art de filtrer l'eau et que c'est sans doute une des raisons qui leur faisaient repousser de la consommation les eaux troubles et en général les eaux de rivière; » qu'ils cherchaient, mais sans succès, à obtenir une sorte de clarification en laissant l'eau en repos dans des piscines.

Nous avons aujourd'hui des procédés d'analyse qui permettent d'apprécier très exactement le mérite des eaux que les Romains appréciaient par des procédés empiriques et de reconnaître, soit parmi les eaux de rivière, soit parmi les eaux de source, celles qui réunissent les qualités à rechercher ou qui ont des défauts à éviter. On analyse, jusque dans leurs plus légères traces, les matières solides de différente nature en dissolution dans l'eau, spécialement les sels dont la nature ou la quantité peut être nuisible; on

_______________

(I) *Les aquèducs Romains*, p. 21.

constate la présence et le volume des différents gaz pour s'assurer que les eaux sont bien oxygénées.

Mais depuis l'époque où se sont engagées, de 1854 à 1862, les discussions relatives aux eaux de la ville de Paris, les hygiénistes sont devenus plus exigeants. Ils ont été éclairés par les études faites sur les microbes, à la suite de notre illustre confrère M. Pasteur, notamment par celles qui tendent à établir que certaines maladies, comme la fièvre typhoïde, sont transmises par l'eau employée à la boisson. Ils trouvent dans ces études de nouvelles raisons pour proscrire les eaux de rivière et pour déclarer que les procédés employés par les villes dans le but de filtrer ces eaux avant leur distribution, quelque coûteux qu'ils soient, sont inefficaces. Ils en arrivent à ne considérer comme irréprochable à ce point de vue que l'eau de source, et encore à la condition qu'elle soit recueillie de façon à ne pouvoir être altérée depuis sa sortie de terre jusqu'au moment où elle est livrée au consommateur.

Toutefois il faut bien remarquer que ces préoccupations au sujet de la qualité des eaux n'ont de raison d'être qu'à l'égard de celles qui sont destinées aux usages domestiques, et que, pour les eaux affectées aux services publics du nettoyage des rues et des égoûts, aux bouches d'incendie, à l'embellissement des promenades, l'Administration doi s'attacher surtout à en recueillir une grande abondance.

Aussi l'Administration municipale de Paris n'a cherché, on l'a vu plus haut, à se procurer de l'eau de source que pour satisfaire aux besoins domestiques ; pour les services publics, elle a développé les approvisionnements qu'elle s'était créés antérieurement en eaux de rivière et de puits artésiens et elle a établi pour ces deux catégories d'eau des canalisations différentes. (1)

(1) On consultera avec profit, pour les questions techniques qui se rattachent aux distributions d'eau, le traité publié récemment par

## II

Mais il ne suffit pas de rechercher les meilleurs moyens de donner satisfaction aux besoins et aux intérêts des habitants des villes. Nous venons de voir que les eaux de source sont déclarées, par les hygiénistes, préférables aux eaux de rivière pour les usages domestiques, et nous avons constaté que beaucoup de villes se sont appliquées à mettre ces idées en pratique. Il faut étudier maintenant quelle est la situation faite aux riverains des cours d'eau ou des sources dérivées et comment ils peuvent obtenir la réparation des préjudices qui leur seraient causés par le détournement des eaux dont ils avaient la jouissance.

Cette situation mérite d'attirer l'attention du législateur. Les deux procédés employés principalement pour l'alimentation des villes produisent en effet, au point de vue du droit des riverains, des résultats complètement différents. Lorsque les eaux sont dérivées des rivières, les propriétaires riverains qui profitaient des eaux, soit pour l'irrigation de leurs terres, soit pour la mise en mouvement de leurs usines, ont droit à obtenir une indemnité, s'ils sont dans une situation régulière et s'ils justifient que la dérivation faite par la ville leur cause un préjudice en les privant totalement de l'eau ou en diminuant la quantité dont ils jouissaient. C'est l'application pure et simple des règles sur les dommages causés par les travaux publics (1). Au contraire, quand la ville va prendre l'eau à la source, les

M. Bechmann, ingénieur en chef des ponts et chaussées, chargé du service municipal des eaux de Paris.

(1) Voir les arrêts du Conseil d'État des 10 juillet 1869 (*Ville de Castres*) ; — 16 mars 1870 (*Ville de Saint-Étienne*) ; — 21 décembre 1877 (*Ville de Paris*) ; — 12 avril 1878 (*Ville du Mans*) ; — 30 mai 1884 (*Ville de Paris*).

riverains n'ont droit à obtenir une indemnité que dans des cas très exceptionnels. Nous ne parlons ici que du droit ; nous signalerons tout à l'heure des procédés administratifs qui en corrigent la rigueur ; mais ces procédés bienveillants n'atténuent pas suffisamment la situation précaire faite aux riverains par la législation.

D'où vient cette différence ? Elle vient de ce que la ville, étant substituée au propriétaire de la source, peut exercer les droits qui sont reconnus à ce propriétaire par les articles 641 et 642 du Code civil. D'après ces dispositions, celui qui a une source dans son fonds peut en user à sa volonté, il en est le propriétaire.

Par conséquent, il peut non seulement l'employer à son usage, dans la mesure qui convient à ses intérêts, mais il peut, après en avoir laissé couler l'excédent en dehors de sa propriété pendant de longues années et permis ainsi aux riverains du cours d'eau alimenté par la source de jouir des eaux, en détourner le cours, les en priver complètement et bouleverser leur situation, s'ils n'ont pas acquis des droits à la jouissance de l'eau dans des conditions qui se réalisent rarement.

Les rapports du propriétaire de la source avec ses voisins sont régis, en effet, par les règles du droit commun. La source est entre ses mains comme une propriété ordinaire. Il n'y a en réalité d'exception au droit qui lui appartient d'en changer le cours, que pour le cas où la source fournit aux habitants d'une commune, village ou hameau, l'eau qui leur est nécessaire ; c'est une sorte d'expropriation pour cause d'utilité publique, moyennant indemnité, organisée par l'article 643 du Code civil. Mais il ne s'agit ici que d'intérêts collectifs et du cas où l'eau serait nécessaire dans le sens rigoureux du mot, c'est-à-dire, d'après la jurisprudence, indispensable pour les usages domestiques et les bestiaux.

En ce qui touche les propriétaires inférieurs qui s'en

servent pour l'irrigation des terres, pour la mise en mouvement des usines, ils ne peuvent faire obstacle au détournement des eaux que s'ils se sont créé des droits par des
titres ou par la prescription, ce qui, dans la pratique, ne
peut exister qu'au profit du voisin immédiat de la source.

Il va de soi que celui qui invoque un titre, qui a acquis
soit par lui-même, soit par ses auteurs, le droit de jouir
d'une partie de l'eau de la source ne peut pas s'en voir
privé par la volonté du propriétaire du terrain où elle
prend naissance. Mais c'est le droit commun, et il n'y a
guère que les voisins immédiats de la source qui ont pu
songer à négocier pour s'assurer une concession d'eau ou
qui pourront invoquer une donation, un legs ou la destination du père de famille.

Il n'y a également que des voisins qui pourront se prévaloir de la prescription. En effet, d'après l'article 642 du
Code, la prescription doit avoir pour base une jouissance
non interrompue, prolongée pendant trente ans à partir du
jour où le propriétaire du fonds inférieur a fait des ouvrages apparents, destinés à faciliter la chute et le cours de
l'eau dans sa propriété et ces ouvrages apparents, d'après
une longue jurisprudence de la Cour de cassation, n'ont de
valeur, au point de vue de la prescription, que s'ils sont
faits sur le fonds du propriétaire de la source (1).

Qui pourra tenter de faire des ouvrages semblables si ce
n'est un voisin ? Un riverain qui profite des eaux à leur
passage, pour faire marcher une usine ou pour irriguer ses
terres, et qui est établi à plusieurs kilomètres du fonds où
naît la source, ne songera jamais à établir sur cette propriété des ouvrages qui n'auraient d'ailleurs aucune utilité.

A la vérité, la doctrine consacrée par la jurisprudence

(1) Voir notamment les arrêts du 15 février 1854 (*commune de Loyes*) ;
du 8 février 1858 (*C₁ₑ des eaux du Havre*) ; du 23 janvier 1867 (*Alric*) ;
et du 4 mars 1885 (*commune de Revel*).

2

de la Cour de cassation a donné lieu à une vive polémique. Beaucoup d'auteurs (1), soit dans des commentaires du Code civil, soit dans des traités sur la législation des eaux, ont soutenu qu'elle était contraire à la nature des choses, et même à l'intention formellement exprimée des rédacteurs du Code ; qu'on devait considérer la source comme une propriété d'une nature spéciale et admettre qu'en laissant, pendant un temps prolongé, les riverains inférieurs s'approprier les eaux du ruisseau ou de la rivière alimentée par la source, le propriétaire avait renoncé à en disposer.

Ce n'est pas le lieu de discuter cette thèse. Il suffit, au point de vue pratique où nous nous plaçons en ce moment, de constater que la jurisprudence n'a pas été ébranlée depuis cinquante ans. Il ne manque d'ailleurs pas d'auteurs pour appuyer la doctrine de la Cour de cassation. Ils rappellent les règles consacrées par la doctrine et la jurisprudence antérieures au Code civil. Ils soutiennent que si les rédacteurs du Code paraissent avoir eu l'intention d'établir une règle spéciale dérogeant aux principes généraux sur la prescription, ils ont omis de l'écrire expressément, que d'ailleurs le système opposé à la jurisprudence est impraticable, qu'un propriétaire ne peut subir une atteinte à ses droits par des travaux faits en dehors de son domaine, et qu'il lui est impossible de connaître et d'empêcher. Il leur paraît plus conforme à l'esprit de la loi de respecter absolument les droits du propriétaire de la source et de sacrifier les intérêts des riverains (2).

Tels sont les principes de droit que peuvent invoquer les villes quand elles dérivent des sources, et comme elles cherchent naturellement les plus abondantes, le préjudice causé aux riverains est d'autant plus sensible.

(1) Merlin, Delvincourt, Pardessus, Proudhon, Marcadé, Vergé et Massé, Demante, Aubry et Rau, Serrigny, Valette, Laurent.

(2) Dubreuil, Toullier, Daviel, Troplong, Demolombe, Nadault de Buffon.

Il est arrivé plusieurs fois que, par application de cette jurisprudence, les riverains ont été privés d'eau sans indemnité, notamment dâns les affaires des eaux des villes du Havre, de Nevers et de Bédarieux (1).

Aussi, quand la ville de Paris a fait préparer les projets de dérivation des sources de la Dhuis et de la Vanne, ces projets ont causé une vive émotion dans les pays qui allaient être privés des eaux détournées pour l'usage des habitants de la capitale. La question est sortie de l'enceinte des tribunaux. Elle est arrivée jusque devant le Sénat. Non seulement on lui a signalé par des pétitions la gravité des préjudices auxquels les riverains des cours d'eau allaient être exposés, mais on a été jusqu'à attaquer comme inconstitutionnel le décret du 4 mars 1862, qui autorisait les travaux de dérivation des eaux de la Dhuis, et qui déclarait d'utilité publique l'expropriation des terrains nécessaires à l'établissement des ouvrages de la dérivation.

Le Sénat a renvoyé au gouvernement la première pétition en appelant son attention sur les mesures à prendre pour ménager les intérêts des réclamants (2). Mais il a maintenu le décret attaqué comme inconstitutionnel, après un remarquable rapport de M. de Royer, qui mettait en relief et le droit de la ville de Paris, par suite de l'acquisition des sources, et le pouvoir du gouvernement en matière d'expropriation pour cause d'utilité publique (3).

Toutefois il importe de signaler que M. de Royer, dans son rapport, déclarait que la ville de Paris se proposait d'indemniser les riverains qui seraient privés des eaux dont ils faisaient usage pour leurs usines ou pour l'irriga-

(1) Arr. Cassation 8 février 1858 (*C° des eaux du Havre*). — Arr. Conseil d'État 9 février 1865 (*Ville de Nevers*). — Arr. Conseil d'Etat 15 avril 1868 (*Villaret.c. Ville de Bédarieux*).

(2) *Moniteur universel* des 14 et 19 mai 1862.

(3) *Moniteur universel* des 19, 27 et 28 juillet 1862.

tion de leurs terres. Ce n'était pas une promesse arrachée
par les réclamations soumises au Sénat. M. Belgrand avait,
dès le début de ses études, compris dans les évaluations des
dépenses les indemnités à allouer aux usines et il a fait
connaître, dans son livre sur *les eaux nouvelles de Paris*,
le montant considérable des sommes consacrées soit à
dédommager les usiniers, soit même à acheter leurs établissements (1). Il y avait là une dérogation grave aux
règles du droit civil et le Conseil d'État s'est efforcé, depuis
cette époque, de généraliser cette dérogation dans toutes
les occasions analogues, et de l'imposer aux villes qui se
trouvaient dans la même situation, sans leur permettre
d'user avec rigueur du bénéfice du droit commun.

Voici comment cette transformation, profitable aux riverains, mais encore insuffisante, s'est produite. Les villes
ont généralement besoin d'une déclaration d'utilité publique pour acquérir par voie d'expropriation les sources
qu'elles veulent dériver ; alors même qu'elles s'arrange-
raient à l'amiable avec les propriétaires, elles ont besoin
de l'expropriation pour acquérir les terrains sur lesquels
s'établissent les aqueducs qui amènent les eaux. L'administration supérieure, qui est libre d'apprécier si elle doit
accorder ou refuser la déclaration d'utilité publique, l'a
plusieurs fois refusée quand elle reconnaissait que la dérivation des eaux troublerait d'une manière trop grave la
situation de toute une vallée. Dans la plupart des cas, elle
l'a accordée, mais sous condition ; elle a exigé du conseil
municipal l'engagement d'indemniser les riverains des préjudices causés par le détournement des eaux, et la délibé-
ration contenant cet engagement a été visée dans le décret du chef de l'État.

Cette tradition, inspirée par des avis du Conseil d'État,
s'est constamment maintenue depuis 1864. On ne peut que

_______________

(1) *Les Eaux nouvelles*, p. 113 et 189.

louer l'esprit d'équité qui l'a inspirée. Toutefois, au premier abord, elle ne paraît pas offrir des garanties suffisantes. L'engagement pris dans de pareilles circonstances par un conseil municipal est une simple promesse faite à l'administration supérieure, il ne constitue pas un contrat entre la ville et les riverains. Jusqu'à ces derniers temps, on avait considéré que, en cas de difficulté sur l'exécution de cette promesse, aucune juridiction n'était compétente pour en connaître, à moins qu'une loi spéciale n'eut établi, en autorisant les travaux, le droit des riverains et la compétence d'un tribunal, ce qui ne s'était pas encore présenté, et qu'on restait sur le terrain de la bienveillance et non sur celui de la justice.

Le Conseil d'État a fait tout récemment un nouveau pas en avant dans le sens de la protection des intérêts des riverains. Deux arrêts rendus en 1886 ont jugé que par les engagements visés dans les décrets qui autorisaient les travaux de dérivation, les villes renonçaient à se prévaloir du bénéfice des dispositions des articles 641 et 642 du Code civil ; qu'on se trouvait par suite dans les conditions ordinaires des dommages causés par les travaux publics et que le conseil de préfecture était compétent pour statuer sur les réclamations motivées par le détournement des eaux (1). Ce n'est peut-être pas sans un certain effort que la jurisprudence est arrivée à trouver une sanction aux procédés administratifs combinés pour empêcher les villes de profiter des avantages qu'elles s'étaient créés, en se mettant à la place des propriétaires de sources. Sans vouloir la contredire, on peut penser que les riverains auraient une sécurité plus complète si ces questions délicates étaient tranchées par un changement de la législation.

(1) Arrêt du Conseil d'État, 29 janvier 1886 (*Ville de Lons-le Saulnier*) ; — 7 août 1886 (*Ville de Rouen*). — Voir en sens contraire l'arrêt du 30 mai 1834 (*Ville de Paris*), dans sa partie relative à la dérivation des eaux de la Dhuis.

### III

Le Conseil d'État avait préparé cette modification avant
1870. Dans le projet du deuxième livre du Code rural con-
sacré au régime des eaux, il s'était appliqué d'abord à modifier les dispositions des articles 641 et 642 du Code civil,
ensuite à régler les conditions de l'expropriation en vue de
la dérivation des sources pour l'alimentation des villes.

Cette double réforme n'est pas encore achevée. Le projet
de loi sur le régime des eaux, qui venait d'être terminé en
1870, et que nous avions pu rétablir dans les archives du
Conseil, après l'incendie criminel de 1871, avait été déposé
par le gouvernement au Sénat, en 1876. Il a été remanié en
1880, à la suite de nouvelles études d'une commission supérieure chargée d'examiner les questions relatives à l'amé-
nagement et à l'utilisation des eaux et de nouvelles délibé-
rations du Conseil d'État. Ce projet comprend 186 articles.
Le Sénat a voté en 1883 les 53 premiers articles : mais il n'a
discuté qu'une partie de la réforme qui nous occupe. La
Chambre des députés n'a pas encore statué.

On nous permettra de reprendre le débat avec les souve-
nirs du contingent que nous avons apporté autrefois à cette
longue élaboration.

Quand on veut régler dans son ensemble la question de
l'alimentation des villes en eaux destinées à leurs différents
besoins, on est obligé de tenir compte de deux groupes
d'intérêts qui sont opposés. Il faut faire la part de chacun
d'eux.

Il est impossible de contester, en pareil cas, l'application
du droit d'expropriation pour cause d'utilité publique, qui
a été fréquemment exercé, nous l'avons déjà dit, et qui
peut l'être au profit de toutes les communes, quel que soit
le chiffre de leur population. La santé des habitants des
agglomérations urbaines ou rurales est en cause, et c'est

un intérêt public qui légitime les sacrifices imposés à l'intérêt privé.

Toutefois il semble qu'on devrait mettre à l'abri de l'expropriation les quantités d'eau reconnues nécessaires aux usages domestiques des habitants des communes, villages ou hameaux établis à proximité des sources, dans les conditions de l'article 643 du Code civil. Il y a là une servitude imposée par la loi elle-même, dans un intérêt collectif et qui doit être respectée.

D'autre part, on s'est demandé s'il n'y avait pas lieu de distinguer entre les différents besoins auxquels les villes ont à pourvoir et s'il convenait d'autoriser le détournement des eaux de source pour d'autres besoins que pour les usages domestiques. Jusqu'ici, sauf pour la ville de Paris, cette distinction n'a pas été faite. Et cependant, pourquoi imposerait-on aux propriétaires riverains un sacrifice particulièrement pénible et qu'une indemnité n'arrive pas toujours à compenser, s'il n'est pas nécessaire? Ce qui peut faire hésiter, c'est que ce système entraînerait pour les villes l'obligation d'établir une double canalisation afin de séparer les eaux destinées aux services privés et aux services publics, ce qui augmenterait beaucoup les dépenses et multiplierait des travaux qui gênent la circulation dans les rues. On propose de sortir de la difficulté par une combinaison ingénieuse. Tout en posant le principe, on permettrait aux villes de dériver les sources pour l'ensemble de leurs services, si elles rendaient aux riverains des eaux de moins bonne qualité, mais qui suffiraient cependant à leur destination industrielle ou agricole, soit par l'établissement de réservoirs où seraient recueillies des eaux de pluies, soit par le détournement de cours d'eau voisins. L'idée a été admise par des hommes pratiques ; il resterait à en étudier dans chaque cas l'application.

Une autre question nouvelle et délicate se soulève. Les villes qui ont recours à l'expropriation pour détourner les sources peuvent, à leur tour, être exposées à voir détourner l'eau qu'elles ont acquise et dérivée, si les voisins des sources viennent, par des fouilles, à couper les veines qui les alimentent et à les faire émerger sur leurs terrains. Chacun peut, en effet, d'après les règles du droit civil, faire des fouilles sur sa propriété, et il n'a aucune indemnité à payer au voisin pour les préjudices qu'il lui causerait dans l'exercice de son droit. C'est un principe qui remonte au droit romain. Parmi les nombreuses applications qui en ont été faites, nous en pouvons citer une qui se rattache étroitement à notre sujet. Un décret impérial avait autorisé, en 1857, la ville de Nevers à acquérir, par voie d'expropriation, une source pour la dériver. Au moment où le décret fut promulgué, la source jaillissait dans un terrain appartenant à la commune de Varennes-lès-Nevers. Lorsque, deux mois après, le jugement d'expropriation fut rendu, il y avait un autre prétendant à la propriété de la source et à l'indemnité. Des fouilles avaient été faites dans le terrain supérieur : la source avait été captée et ses eaux étaient conduites à une usine, sans passer par le terrain de la commune de Varennes-lès-Nevers. La Cour de cassation a décidé, malgré les réclamations de cette commune, que le propriétaire du terrain supérieur avait agi dans l'exercice de son droit, et c'est à lui que l'indemnité d'expropriation a été attribuée (1). Le fait qui s'est produit dans cette circonstance, avant l'acquisition de la source par la ville, pourrait évidemment se produire après.

On comprend qu'il y a là un grave danger pour la conservation des distributions d'eau des villes. Tous les travaux de cette nature, à la fois si utiles et si coûteux (à Paris, la dérivation de la Dhuis a coûté dix-huit millions de francs, celle de la Vanne trente-neuf millions), pour-

(1) Arrêt de cassation du 4 décembre 1860 (*Boignes C. Commune de Varennes-lès-Nevers*).

raient être compromis par des coups de sonde habilement
dirigés. Le législateur a cru sage, lorsqu'il s'agit de sources
d'eau minérale déclarées d'intérêt public, de limiter le
droit des voisins, d'établir un périmètre de protection dans
lequel les fouilles ne peuvent être faites sans l'autorisation
de l'administration. Les dispositions de la loi du 14 juillet 1856 ne devraient-elles pas être déclarées applicables
aux sources recueillies et dérivées par les villes pour
l'usage de leurs habitants ?

Sans doute, c'est une servitude nouvelle à imposer à la
propriété privée, et le législateur a raison d'y regarder de
près avant de limiter le droit d'user des choses de la manière la plus absolue, qui est le caractère essentiel de la
propriété. Pour les eaux minérales elles-mêmes, qui
rendent à la santé publique des services incontestés, ce
n'est pas sans peine que le principe établi par la loi du
14 juillet 1856 a été introduit dans nos lois. En 1837 et en
1847, il avait été repoussé par les Chambres, malgré les
faits graves qu'on avait signalés, et qui nuisaient à des
établissements thermaux importants. Mais aujourd'hui
ce principe est accepté et des travaux approfondis sur
l'hygiène publique ont fait comprendre à tous que si les
eaux minérales guérissent les maladies, les eaux pures
habituellement employées à la boisson sont utiles pour les
empêcher de naître. L'assimilation serait donc justifiée à
tous les points de vue.

Déjà, du reste, la loi du 27 juillet 1880 a pourvu à ce que
les travaux de recherche et d'exploitation des mines ne
compromettent pas l'existence des sources qui alimentent
des villes, villages, hameaux et établissements publics ;
elle donne aux préfets le droit de prendre les mesures de
protection qui seraient nécessaires. L'extension de la loi
dn 14 juillet 1856 ne doit donc présenter désormais aucune
difficulté.

D'autre part, la législation nouvelle devrait reconnaître

et consacrer le principe de l'indemnité à accorder non seulement à ceux qui ont acquis des droits de co-propriété ou de servitude sur la source, par des titres ou par la prescription, mais à tous les propriétaires qui se servaient des eaux, soit pour la mise en jeu de leurs usines, soit pour l'irrigation de leurs terres, soit pour d'autres usages. Le législateur étant libre de régler les conséquences des travaux publics qu'il autorise et pour lesquels il accorde le droit d'expropriation, ne doit pas mettre de différence pour la réparation des préjudices causés aux riverains entre le détournement des eaux des rivières prises à leur passage, et le détournement des eaux des sources.

Toutefois il ne faudrait pas exagérer le sentiment d'équité qui porte à prendre la défense des intérêts que le détournement des eaux de source peut léser. Ces indemnités, qui nous paraissent nécessaires, devraient être réglées dans les conditions de toutes les indemnités dues pour les dommages causés par les travaux publics. Ainsi, dans les enquêtes auxquelles ont donné lieu certaines entreprises de cette nature, on a fait valoir que si les usines privées d'eau venaient à être fermées, les ouvriers employés par ces usines souffriraient autant et plus que les propriétaires, que les petits commerçants des villages habités par ces ouvriers perdraient leur clientèle. Ce sont là des dommages indirects, comme ceux qu'a entraînés la création des chemins de fer pour les maîtres de poste et les aubergistes établis sur les routes parallèles et dont il ne peut être tenu compte. Si la dérivation de l'eau est jugée nécessaire, l'administration se trouve exclusivement en face de l'usinier, du propriétaire, qui utilisaient l'eau, et elle doit leur payer la somme qui représente la dépréciation de la terre privée d'irrigation, ou celle de l'usine privée de force motrice. Elle doit liquider d'une manière définitive la situation qu'elle trouble et n'a pas à intervenir dans les conséquences de la modification qui va se produire. Suivant leur intérêt, suivant les circonstances, les propriétaires changent leurs cultures, les usiniers ferment leurs établissements ou les transforment en y installant des machines à vapeur.

Dans une affaire de cette nature, on a proposé de garantir les ouvriers du préjudice que leur causerait la fermeture des usines par un nouveau mode de règlement de l'indemnité, qui forcerait les patrons à maintenir leurs établissements en activité. L'indemnité serait divisée en deux parties, l'une représentant les frais de premier établissement des machines à vapeur, l'autre représentant les frais d'entretien ; la première serait payée comptant, la seconde ne le serait que par annuités, tant que l'usine resterait en activité. Cette combinaison nous paraîtrait inadmissible. Rien n'est plus contraire aux principes que cette situation précaire créée pour toujours à un établissement industriel, cette surveillance constante de l'administration sur l'activité plus ou moins grande d'une usine, cette espèce de condamnation au travail forcé infligée au patron dans l'intérêt de ses ouvriers, et qui l'empêcherait de disposer librement, au mieux de ses intérêts, des ressources destinées à réparer le préjudice qu'il subit. De plus, si l'usinier était amené un jour à fermer son usine, par suite des fluctuations de l'industrie, les ouvriers n'auraient pas le bénéfice qu'on prétend leur assurer, et c'est la ville qui gagnerait à l'extinction de l'annuité. Il faut donc rester dans les conditions normales de la réparation des préjudices causés par les travaux publics. On ne saurait transformer l'expédient qui vient d'être indiqué en une règle générale de la législation nouvelle, et cela suffit pour le faire écarter.

Voilà une partie de la réforme préparée par le Conseil d'État avant 1870 et qui a passé dans les nouveaux projets préparés en 1879 et 1880.

Mais ce n'est pas tout. N'est-on pas conduit en outre à

modifier les articles 641 et 642 du Code civil dont l'application stricte avait produit des résultats qui ont paru si visiblement contraires à l'équité ? Faut-il laisser les propriétaires riverains du cours d'eau alimenté par la source à la merci du propriétaire du fonds où elle naît, comme ils y sont aujourd'hui ?

Le projet dont nous avons cherché à démontrer l'utilité ne donnerait pas aux riverains toutes les garanties nécessaires, même contre les villes ; car on pourrait échapper à ces règles spéciales en achetant à l'amiable les sources et les terrains destinés à l'aqueduc, ce qui serait possible s'il n'avait pas une longueur considérable. De plus, une grande usine peut avoir besoin de dériver des sources, aussi bien qu'une petite ville, le fait s'est présenté, et l'on ne voit pas pourquoi le préjudice qui donne lieu à indemnité dans un cas devrait être subi sans réparation dans l'autre. Des entreprises d'irrigation organisées par des associa ions syndicales ou des concessionnaires pourraient faire naître aussi la question. Elle a donc un intérêt général.

Le Conseil d'État avait pensé en 1870 et en 1879 que, tout en reconnaissant au propriétaire du fonds où naît la source le droit d'user et de disposer des eaux, il était juste de limiter le droit de les détourner quand les propriétaires inférieurs établis sur le cours d'eau s'en étaient approprié la jouissance, et il considérait comme des signes de cette appropriation les ouvrages faits depuis trente ans sur leur propre fonds aussi bien que ceux qui étaient faits sur le fonds supérieur.

De graves objections ont été faites à ce projet de réforme. Il s'agit de toucher au Code civil, à l'interprétation constante qu'en a donnée la Cour de Cassation ; il s'agit de dépouiller les propriétaires de sources des droits qui leur étaient reconnus jusqu'ici et de les réduire à la situation d'usagers.

Présentées ainsi, ces objections sont de nature à faire

reculer le législateur. Mais sont-elles fondées? On n'a pas de scrupules à modifier le droit administratif quand il s'agit de pourvoir à des besoins nouveaux. Pourquoi en aurait-on à toucher aux règles du droit civil quand des faits nouveaux se sont produits et ont éclairé le législateur sur les lacunes ou les conséquences fâcheuses de la loi ancienne ? Les précédents ne font pas défaut. Déjà le Code civil lui-même a été plusieurs fois modifié pour donner satisfaction aux nécessités d'un emploi utile des eaux, ou de l'écoulement des eaux nuisibles. De nouvelles servitudes ont été créées par les lois du 29 avril 1845, du 11 juillet 1847, du 10 juin 1854. La première a facilité les irrigations et les dessèchements en permettant de traverser les propriétés voisines pour amener les eaux ou pour les faire écouler ; la seconde a donné, dans le même but, la faculté d'appuyer des barrages sur la propriété du riverain opposé ; la troisième a créé les servitudes nécessaires aux travaux de drainage. D'ailleurs quand il s'agit de modifier les rapports du propriétaire de la source avec les riverains inférieurs qui profitent des eaux, il ne faut pas oublier que les auteurs du Code civil avaient l'intention de poser dans l'article 642 des règles favorables aux riverains et que, si la jurisprudence de la Cour de Cassation a cru devoir appliquer les principes généraux sur la prescription, c'est parce que la rédaction du texte de la loi n'indiquait pas expressément l'exception qu'on avait entendu établir.

Il y a une véritable exagération à dire que les propriétaires des sources seraient dépossédés. Voyons de près ce que la réforme projetée leur laisserait et ce qu'elle leur enlèverait. La loi nouvelle leur reconnaîtrait d'abord le droit d'user et de disposer des eaux. Par conséquent ils pourraient non-seulement se servir des eaux pour tous les usages qui leur conviendraient et dans la mesure qui leur conviendrait, et en modifier le cours dans les limites de leur propriété pour les adapter à ces différents usages. Ils pourraient aussi conduire les eaux dans d'autres propriétés que celles où naît la source en faisant usage du droit d'aqueduc établi par la loi du 29 avril 1845. Le seul droit qui leur serait enlevé est le droit de détourner les eaux quand les propriétaires inférieurs en jouissent depuis un temps prolongé et ont fondé sur cette jouissance des intérêts nouveaux dignes de respect.

Qu'on ne dise pas que cette jouissance des propriétaires inférieurs était nécessairement précaire faute par eux d'avoir traité avec le propriétaire de la source ou d'avoir acquis une servitude en venant installer sur son fonds un ouvrage qu'il aurait toléré pendant trente ans. Avec ce système nous avons déjà montré que les voisins immédiats sont seuls protégés et que les riverains éloignés de la source n'ont aucun moyen de défendre leurs intérêts, et de se créer une situation définitive. La question, pour le législateur, est de savoir si la propriété des sources est semblable à celle du sol, si la nature des choses ne proteste pas contre cette assimilation, si l'eau qui coule nécessairement en dehors de la propriété où elle sort de terre est destinée au propriétaire du premier fonds à l'exclusion de ceux dont elle arrose ensuite les domaines et s'il est conforme aux principes de sacrifier absolument les seconds aux premiers. La question est de savoir s'il est juste que les eaux puissent être enlevées à leur bassin naturel et que le droit fasse en quelque sorte violence aux lois de l'hydrographie.

Assurément, au moment où une source sort de terre, le propriétaire du domaine où elle émerge est maître de modifier le point de sortie, de diriger les eaux dans un sens ou dans un autre, pour en tirer le profit qui lui convient, et il doit conserver toute sa liberté à cet égard, même celle du détournement, tant que nul ne s'est approprié les eaux qu'il a laissé sortir de son terrain et ne les a utilisées, à son défaut, par une jouissance prolongée. Mais l'eau n'a pas été faite pour lui seul. Par la force des choses elle lui échappe ; s'il n'est pas le maître de la retenir, pourquoi resterait-il indéfiniment le maître de la diriger ? Elle s'écoule en dehors de son terrain ; elle va porter à d'autres les bienfaits qu'elle lui a procurés. Les riverains inférieurs qui profitent de l'eau à son passage n'usurpent pas le bien d'autrui, ils prennent leur part d'un bien commun. Ils en font un usage légitime prévu et autorisé par la loi, réglé et encouragé par l'Administration. Tout est organisé pour régulariser cette jouissance des riverains, pour lui donner une assiette solide, de façon à favoriser les progrès de l'agriculture et de l'industrie, le développement de l'irrigation et des usines. Beaucoup d'auteurs vont même jusqu'à soutenir que les riverains ont un véritable droit de propriété sur les cours d'eau non navigables ni flottables. Ceux qui n'admettent pas cette opinion, suivant nous excessive, leur reconnaissent un privilège de jouissance incontestable. Et tous ces intérêts, tous ces droits qui doivent être respectés par les riverains voisins, qui doivent être respectés par l'Administration, tous les capitaux engagés dans des entreprises nouvelles et fécondes peuvent être anéantis s'il convient au propriétaire de la source de faire cesser sa prétendue tolérance et d'arrêter subitement l'écoulement des eaux en les faisant passer du nord au midi !

Vous oubliez, nous dit-on, que le propriétaire du terrain où naît la source est maître chez lui, qu'il peut non seulement déplacer le point où elle émerge, mais qu'il a le droit de la faire rentrer sous terre, de la détruire. Pourquoi ne pourrait-il pas en détourner le cours à son profit ? Nous ne sommes pas assez endurci à accepter les conséquences rigoureuses d'un principe en nous consolant par l'adage : *dura lex, sed lex,* pour nous résigner à ne pas admettre une différence entre la terre et l'eau. Assurément c'est la conséquence logique du droit de propriété, je puis détruire mon mobilier, je puis détruire ma maison et laisser mes champs sans culture ; mais, dans ce cas, en usant ainsi de mon droit de jouissance absolu, je ne fais de tort qu'à moi-même ; du moins je n'enlève à personne une jouissance qu'il eût le droit de conserver. Au contraire quand la source est sortie de mon terrain, elle va s'offrir aux propriétaires inférieurs ; ce n'est pas une servitude qu'ils subissent, c'est un droit d'usage qu'ils exercent ; c'est une richesse qu'ils s'approprient, il y a entre eux et moi par la force des choses une sorte de communauté, je ne puis pas avoir la même liberté de disposition.

Non, nous le disons avec les rédacteurs du Code civil, avec Berlier, Regnauld de Saint-Jean d'Angély, Malleville, la propriété des sources n'est pas une propriété ordinaire. Quand le détournement des eaux vient troubler des jouissances régulières, conformes à la nature des choses et au vœu de la loi, il n'est plus légitime ; le législateur a le droit de l'empêcher.

On a proposé pour atteindre ce but d'enlever au propriétaire de la source le droit de la vendre. Mais si on l'empêche de vendre sa source sans vendre en même temps son terrain, on ne peut l'empêcher de vendre les deux à la fois et l'acquéreur du domaine serait assurément libre de donner aux eaux un autre cours tant qu'une disposition expresse ne l'en empêchera pas. C'est dans le droit de détournement qu'est le mal, c'est là qu'il faut apporter le remède.

La solution n'est pas facile à trouver.

La plus simple consiste à permettre au riverain de consolider sa situation, à l'égard du propriétaire de la source, par des ouvrages apparents faits sur son propre fonds, pour utiliser l'eau, aussi bien que par des ouvrages faits sur le fonds supérieur. C'est un simple remaniement de l'article 642 du Code civil. Trois mots ajoutés à cet article suffisent à réaliser la réforme. Mais on se heurte aux objections de

principe et aux difficultés de pratique soulevées par la Cour
de cassation et par les auteurs qui soutiennent sa jurisprudence. La prescription suppose une négligence et une tolérance d'une part, une usurpation de l'autre, avec des
moyens de constater et de combattre l'usurpation, qui ne
sont pas appropriés à la situation du propriétaire d'une
source et d'un riverain qui établit, à plusieurs kilomètres de
distance, un barrage ou une prise d'eau d'irrigation. En
outre, quand le propriétaire de la source n'a pas été mis en
demeure ni de concéder expressément, ni d'abandonner
par tolérance un volume d'eau déterminé, il ne peut être
privé du droit de s'approprier l'eau pour ses besoins per-
sonnels, par préférence aux riverains inférieurs, si ses besoins viennent à se modifier. Il est donc sage de chercher
un autre terrain.

Le trouverait-on dans l'article 643 du Code civil? Cet
article, on se le rappelle, interdit au propriétaire de la
source d'en détourner le cours quand elle fournit aux habitants d'une commune, d'un village ou d'un hameau l'eau
qui leur est nécessaire, sauf aux habitants à payer une
indemnité s'ils n'en ont pas acquis ou prescrit l'usage.

Voilà un cas dans lequel le Code civil a formellement
admis que les droits du propriétaire de la source pouvaient
être limités par la jouissance des propriétaires inférieurs
prenant l'eau à son passage, sans aucun ouvrage sur le
fonds supérieur.

N'est-il pas conforme à l'esprit de la loi d'établir l'inter-
diction du détournement, quand les eaux ont été utilisées
par les riverains inférieurs pour l'agriculture et pour l'industrie? Sans doute l'article 643 a été présenté jusqu'ici
comme une sorte d'expropriation, dans un intérêt public,
justifiée par les besoins collectifs des habitants, qui méritent
des égards particuliers. Mais la collection des riverains
qui usent d'un cours d'eau pour l'agriculture et pour l'in-

dustrie ne mérite-t-elle pas aussi d'être protégée contre un
bouleversement subit ?

D'autre part, en autorisant les habitants à s'opposer au
détournement des eaux, l'article 643 les oblige à indemniser le propriétaire, s'ils n'ont pas un titre ou si leur
jouissance n'a pas duré trente ans. Il y a là un moyen
d'apaiser les défenseurs du droit absolu des propriétaires
de sources. Mais cette transaction ne satisfait personne et
les défenseurs des riverains la repoussent aussi. Suivant
eux, la disposition nouvelle donnerait le signal d'une série
interminable de procès et ferait remettre en question la
situation de toutes les usines et de toutes les prises d'eau
d'irrigation. De plus, autant il est facile de savoir quels
sont les intéressés qui ont à payer l'indemnité quand il
s'agit du groupe des habitants d'une commune, d'un village
ou d'un hameau, autant il serait difficile de les reconnaître
quand il s'agit des usiniers et des propriétaires de prairies
qui profitent des eaux d'une source.

Là n'est pas encore le véritable terrain. La situation des
riverains ne doit pas être assimilée à celle d'un groupe
d'habitants qui usent de l'eau pour leurs besoins domestiques. Que ces habitants paient une indemnité s'ils
n'ont pas joui pendant trente ans, sans réclamation du propriétaire, cela se comprend ; ils n'ont pas, comme les riverains, un droit acquis à la jouissance de l'eau, droit qui fait
partie des avantages naturels de leur domaine. Ils doivent
donc acheter l'eau ou être censés l'avoir payée. Mais pourquoi tous les riverains d'un cours d'eau alimenté par une
source seraient-ils tributaires du propriétaire de la
source, et seraient-ils obligés d'acheter l'eau dont celui-ci
n'a pas profité, lorsqu'il prétend la leur retirer pour en détourner le cours habituel ? Jamais cette prétention ne
s'était produite avant l'époque où les besoins des villes ont
fait naître la question du détournement. Quand la source

alimente d'une manière permanente un cours d'eau utilisé
régulièrement pour l'agriculture et l'industrie, en vertu
d'autorisations de l'administration données après enquête,
la direction du cours d'eau doit être considérée comme fixée;
le propriétaire peut en jouir aussi largement que possible
pour les besoins de son fonds, en modifier le cours, créer
des réservoirs, des étangs, en un mot en user à sa volonté,
comme le dit la loi, mais il doit rendre le superflu des eaux
qu'il n'a pas absorbées au point où elles sortent habituellement de son domaine. C'est une application moins restric-
tive du principe posé par l'article 644 du Code pour le riverain qui possède les deux rives du cours d'eau, et ce
principe doit s'appliquer, du moment qu'il s'est établi, à la
suite de la source, un écoulement permanent des eaux, un
véritable cours d'eau.

Nous ne nous dissimulons pas qu'il y a là une innovation
grave. Mais le *statu quo* produit des conséquences telle-
ment injustes qu'il nous paraît impossible d'y rester. La
position des riverains est plus digne d'intérêt que celle
du propriétaire supérieur. Celui-ci cherche à accroître ses
bénéfices, les autres luttent pour éviter une ruine inat-
tendue. Si la solution que nous proposons est contraire à
d'anciennes traditions, elle est conforme à la nature des
choses et elle répond à des difficultés nouvelles soulevées
par des transformations qui se sont produites dans l'utilisation des eaux.

Ces idées n'ont triomphé qu'en partie devant le Sénat,
dans la discussion qui a eu lieu en 1883, sur le projet de
loi relatif au régime des eaux, malgré l'appui que leur
avaient donné la Commission et le gouvernement. Après
avoir vivement discuté et repoussé plusieurs systèmes différents, on a distingué entre les sources suivant leur importance. Les petites sources resteraient sous le régime
ancien. Mais si les sources forment, dès la sortie du fonds

où elles surgissent, un cours d'eau offrant le caractère d'eaux publiques et courantes, le propriétaire ne pourrait plus les détourner de leur cours naturel au préjudice des usagers inférieurs.

Peut-être, dans les discussions auxquelles donnera encore lieu le projet, fera-t-on une plus large place aux idées que nous soutenons.

On n'a pas assez fait remarquer, dans la discussion des réformes dont nous venons d'étudier les raisons d'être, que le régime légal des sources n'est pas le même dans tous les pays, et que les droits du propriétaire du fonds où elles naissent sont plus ou moins limités au profit des riverains inférieurs, suivant qu'on attache plus ou moins de prix à la bonne utilisation des eaux, dans l'intérêt privé et dans l'intérêt public.

Nous ne voulons pas parler de l'Algérie, où d'après la loi du 16 juin 1851, les sources, comme les cours d'eau non navigables, sont dans le domaine public, aussi bien que les cours d'eau navigables. Il y a là un régime qui tient à la fois au climat et à des traditions spéciales. Mais si nous consultons la législation de l'Italie et celle de l'Espagne, nous y trouvons des dispositions analogues à celles qui nous paraissent utiles et justes.

Le Code civil italien, dans son article 540, a reproduit l'article 641 du Code civil français sur les sources. Dans son article 541, il exige, pour servir de fondement à la prescription, des ouvrages faits sur le fonds du propriétaire de la source. Et, néanmoins, dans l'article 545, il dispose que le propriétaire de la source, qui peut se servir des eaux à sa volonté et même en disposer, si un titre ou la prescription ne l'en empêche, ne pourra, après s'être servi des eaux, les détourner au préjudice des fonds inférieurs auxquels elles pourraient être utiles, sauf à celui qui voudra profiter des eaux à payer une juste indemnité.

En Espagne, la loi du 13 juin 1879, qui forme une sorte de Code spécial en 257 articles et dont les principes fondamentaux ont été confirmés par le nouveau Code civil (1), limite encore davantage les droits des propriétaires des fonds où naissent les sources. Tout en disposant qu'elles sont dans le domaine privé, elle ne donne à ces propriétaires que le droit d'user des eaux tant qu'elles coulent dans leur terrain et classe les eaux, quand elles sortent de ce fonds, dans la catégorie des eaux publiques, dont la jouissance s'acquiert, soit par une concession du Gouvernement, soit par l'usage prolongé pendant vingt ans, sans qu'il soit besoin d'ouvrages apparents pour constater cet usage. La loi spéciale de 1879, à laquelle renvoie le Code, oblige ce propriétaire à laisser couler les eaux dont il ne jouit pas et celles qui excèdent la mesure de ses besoins sur l'emplacement de leur lit naturel et accoutumé. Elle va plus loin, elle décide que, s'il est resté sans utiliser les eaux pendant une période de vingt ans qui court à dater de la promulgation d'une loi antérieure en date du 3 août 1866, il perd tout droit à troubler la jouissance que les propriétaires inférieurs ont acquise par l'usage des eaux pendant un an et un jour. Enfin elle porte que, après l'expiration de cette période, si le propriétaire de la source cesse de jouir de tout ou partie des eaux pendant un délai d'un an et un jour, il perd ses droits au profit de ceux qui les ont acquis pendant le même délai ; du moins il ne peut plus se servir de l'eau pour l'irrigation ; il ne peut en profiter que pour des usages qui ne nuiraient pas aux propriétaires inférieurs (2).

(1) Art. 407 et 412 du Code civil espagnol de 1889.

(2) Articles 9, 11 et 14. La loi espagnole du 13 juin 1879 a été commentée dans un travail sur *le régime légal des eaux en Espagne*, publié par M. de Loménie, ancien auditeur au Conseil d'État. (*Bulletin de la Société de Législation comparée, 1886*)

Il y a là des exemples à méditer ; on en pourrait citer d'autres.

Avec les deux réformes dont nous souhaitons le prochain succès, les intérêts des villes seraient complètement satisfaits, puisqu'elles auraient à leur service, comme elles l'ont déjà, le droit d'expropriation ; mais les intérêts des riverains seraient sauvegardés mieux qu'ils ne le sont aujourd'hui, puisque le préjudice qui leur serait causé entraînerait toujours une indemnité. Plus nous avons approfondi cette question, plus nous nous sommes affermi dans une opinion déjà ancienne, et qui est, depuis le commencement du siècle, dans les traditions du Conseil d'État.